GREAT INVENTIONS

大发明

李凯 孙向荣◎编著 朱相东◎绘

北京联合出版公司
Beijing United Publishing Co.,Ltd.

图书在版编目（CIP）数据

大发明 / 李凯，孙向荣编著；朱相东绘 .—北京：
北京联合出版公司，2021.6（2024.9 重印）
  ISBN 978-7-5596-5272-0

Ⅰ.①大… Ⅱ.①李… ②孙… ③朱… Ⅲ.①创造发
明－技术史－中国－古代－少儿读物 Ⅳ.① N092-49

中国版本图书馆 CIP 数据核字 (2021) 第 078476 号

出 品 人：赵红仕
项目策划：冷寒风
责任编辑：牛炜征
特约编辑：鹿　瑶
编　著：李　凯　孙向荣
插图绘制：朱相东
美术统筹：段　瑶
封面设计：罗　雷

北京联合出版公司出版
（北京市西城区德外大街 83 号楼 9 层　100088）
河北尚唐印刷包装有限公司印刷　新华书店经销
字数 10 千字　889×1194 毫米　1/16　3.5 印张
2021 年 6 月第 1 版　2024 年 9 月第 12 次印刷
ISBN 978-7-5596-5272-0
定价：79.90 元

目录

一笔一画，写出我们的历史

汉字是中华民族的伟大发明，也是中华文明的象征。汉字和书写汉字的工具经过了数千年的演进才呈现出我们现在看到的样子。

谁发明了汉字

很久以前，我们的祖先没有文字，记录事情只能靠打绳结，非常不方便。传说，长有四只眼睛的仓颉（jié）发明了汉字。事实上，汉字是由很多人，经过很长时间不断完善，逐渐创造出来的。

在纸发明出来之前，祖先将文字刻在各种器物上。所以我们才能有幸在文物上看到它们。

陶文

祖先学会用泥土制作陶器后，把文字刻在陶器上，称为"陶文"。

甲骨文

刻在龟甲或兽骨上的文字，称为"甲骨文"。

金文

铸刻在钟、鼎等青铜器上的文字称为"金文"或"钟鼎文"。

蒙恬造笔的传说

据说，秦代大将蒙恬要汇报紧急军情，情急之下，扯下了武器上的一撮红缨，蘸着墨汁写字，他发现这样写字很快。后来，他以兔毛和竹管为原料，改良制作出了秦笔。目前发现的最早的毛笔实物是战国时期的。

墨的诞生

墨的历史十分悠久，新石器时代的陶罐上已经有天然墨的痕迹。春秋末期的竹简上出现了用墨书写的文字。北魏农学家贾思勰（xié）所著的《齐民要术》上还记载了当时制墨的配方和方法。

传统制墨的方法

要捣几万次，好累啊！

比例很重要，一定不能错！

1 筛去制墨原料中的杂物，使其成为均匀的粉末。

2 将烟灰、胶、麝香等材料按比例搅拌。

3 将调配好的材料放入缸中捣，制成墨泥。

4 将墨泥压入模具中，晾干。

把字写在哪里呢

有了墨和毛笔，写字变得更加轻松。不过，在纸发明出来之前，人们只能把字写在木片、竹片或丝帛上。

胳膊好酸啊！

读万卷书，行万里路。

版牍（dú）
指比较宽的木片或竹片，一片版牍上可以写好几行字。

简
最多只能写两行字的细竹片或木片，通常需要将很多条简串连成册。

丝帛（bó）
柔软的丝织物，幅面宽广，宜于画图，价格昂贵。

来之不易的一张纸

造纸术是中国四大发明之一，在纸发明出来之前，世界各地用来写字的材料都有或笨重、或昂贵等缺点，中国发明的造纸术解决了这个世界性难题。

绳子又断了

春秋时期，竹简是主要的书籍形式。但是竹简的缺点是不结实，相传孔子读《周易》时，因为读的次数太多了，编竹简的绳子断了好几次。后来，人们用"韦编三绝"来形容读书勤奋。

制作竹简的方法

一定要细致！

1 制作竹简的材料通常就地取材，南方多用竹子（西北也有用木片的，称为木简），需要先把竹子截成竹筒。

3 把竹片放在火上烘烤。这样做可以有效防止竹简生虫。

麻绳比较结实。

2 将竹筒加工成竹片，再把需要写字的一面打磨光滑。

4 用绳子把竹片编在一起，制成竹简，然后就可以在上面写字了。偶尔也有先写字，后编制竹简的情况。

《史记》大约有52万字，一辆车也许只能装下一套《史记》！

学富五车

这个成语出自《庄子·天下》："惠施多方，其书五车。"用来形容一个人知识渊博。

读书也是体力活儿

《史记》中记载，秦始皇要求自己每天要看一石重的公文，看不完不能休息。秦代一石的重量大约是30千克，如此说来，秦始皇每天看公文真是件耗费体力的事情。

开启造纸之路

竹简笨重、丝帛昂贵。人们一直尝试制作出更好的替代品。东汉时期，一个叫蔡伦的人总结前人的经验，终于造出了物美价廉的纸张。

造纸

桑蚕丝绵做成纸，成本太高了！

我一定要发明出物美价廉的纸！

这"纸"太粗糙！没法写字！

神奇的蔡伦造纸术

蔡伦改进了造纸工艺，以树皮、麻头、破布、旧渔网等为原料，造出了大家都能用得起且方便书写的纸。经他改良的"造纸术"被列为中国古代四大发明之一。

生活离不开纸

随着科技的进步，造纸工艺也越来越完善，人们发明出各种各样的纸张。如不易褪色的宣纸、加入花瓣做成的浣花笺（jiān）、用黄檗（bò）汁染成的潢纸、细密如蚕丝的澄心堂纸等。

自从有了纸，百姓的生活就再也离不开它了。除了用来写字和画画，人们还用纸来剪窗花，制作灯笼、纸鸢（yuān）、银票、油纸伞，包装食品等。

中国造纸术走向世界

据史料记载，中国造纸术先是传到了朝鲜半岛、日本，然后传到西亚、北非、欧洲和美洲。到 19 世纪中叶，欧洲人又把造纸术传向大洋洲。造纸术走向全世界的过程用了 1000 多年，对世界产生了深远的影响。

造纸术发明前，古欧洲人曾用羊皮当作记事材料，制作一本书要用很多张羊皮！

9

告别抄书时代

印刷术是中国四大发明之一，包括雕版印刷术和活字印刷术。印刷术的发明让书籍不再是奢侈品，加速了文化的传播。

抄书人

在印刷术出现之前，人们看的书都是由抄书人抄写出来的。人工抄写很容易出错，有时抄书人还会随意篡改原文，想要得到原始版本难如登天。

为了解决这个问题，东汉书法家蔡邕（yōng）将《周易》《春秋》等儒家经典名著刻在四十多块大石碑上，方便人们抄写、核对。虽然有了"官方版本"，但抄写仍然是件漫长的苦差事，于是又有人想出了用拓印的方法来提速。

拓印的方法

1 将大小合适的宣纸盖在需要拓印的石碑上，把纸轻轻润湿，然后在湿纸上蒙一层软性吸水的纸保护纸面。

2 用拓包轻轻敲捶，使湿纸贴附在石碑表面，随着石碑上雕刻的文字而起伏凹凸。

3 除去蒙上的那层纸，等湿纸稍干后，用拓包蘸适量的墨或朱砂，向纸上轻轻扑打。

4 等纸干后，将其从碑上揭下来，晾干即可。

阴文印 效果 　阳文印 效果

使用印章是一种古老的印字方法。与拓印法不同，印章上的字是反着刻的，使用的时候需要用印章蘸上印泥再转印到纸上。所刻文字或图像凹陷的印章称阴文印，凸起的称阳文印。

雕版印刷术

受到印章和拓印法的启发，人们想到如果把小小的印章放大成石碑那样大，然后直接在这个超级大"印章"上刷墨，是不是可以比拓印更方便呢？于是，雕版印刷术就这样诞生啦！

雕版印刷的方法

1 浸泡
选择优质的木材，放入水中浸泡，使其不易开裂。

2 打磨
木材晾干后，用刨子刨平，将表面打磨光滑。

3 写版
将需要印刷的文字写在一张比较薄的纸上。

4 上样
在木版表面刷上糨糊，将写好的字样文字反贴在木版上，用柔软的刷子刷平。

刷了一张又一张，速度可真快！

5 刻版
用刻刀按字形把字刻出来（阳文），然后在刻好的木版上刷墨。

6 印刷
把纸覆盖在木版上，用刷子均匀擦拭，揭下来，文字就转印到纸上并成为正字了。

这套房子专门放雕版。

雕版也有缺点

很快，人们发现雕版印刷术也有缺点。首先，大量的雕版需要极大的储存空间。

又要重刻一遍！

改！

其次，只要刻错一个字就要重新雕刻整块木版。工匠制作一本书的雕版仍然需要消耗很多时间。

活字印刷术

为了解决这个问题，一个叫毕昇的工匠尝试在胶泥块上刻单字，然后把胶泥块烧制坚硬。再把这些像小印章的胶泥字块排列组合成一块印版，这就是大名鼎鼎的活字印刷术。

活字印刷的方法

2 将胶泥块和写有文字的纸样处理成合适的尺寸。

字写得不错。

1 在纸上抄写好需要印刷的字样。

3 用胶泥刻字，使字画凸出，每字单独成为一印。

8 把字块拆下来，下次再用。

因为泥活字容易碎、怕水，后来人们又陆续发明了木活字、铜活字、铅活字等。

印刷术提高了印刷效率，促进了中国乃至世界的文化传播和进步。

木版水印

除了印刷文字，人们还发明了可以批量印刷彩色画作的方法——木版水印。这是一种分色套印的印刷方法，即原画中的每种颜色都要制作一块雕版，分别刷墨印刷后组成一幅彩色画。

学习制作木版水印画

1. 在半透明的纸上勾描原画，每种颜色描一张。

绿色
黄色
红色

2. 将勾描好的画稿贴在板子上，分别进行雕刻。

3. 刷墨印刷，每刷完一个颜色就换一次印版。注意纸张要与木版对齐。

完成啦！

4 将刻好的胶泥块放到窑里烧制，使其变硬。

5 凉凉后，把需要用的字块挑选出来，进行排版。

6 在铁板上均匀铺上用松脂、蜡和纸灰合制的药品，将字块按顺序放在上面。

7 用火烤铁板，让药品稍熔化，再用一平板压在字印上，使表面平整。

开始印刷啦！

刚做好的母版！

有了指南针，再也不怕迷路了

指南针是中国四大发明之一，它在航海、测量、军事和日常生活中广泛应用，在人类文明史上写下了浓墨重彩的一笔。

了不起的"汤勺"

先人通过磁石认识到了磁性，并利用磁性原理制作出了世界上最早的指向工具——司南。司南看起来就像一把汤勺，经过不断演进才成为我们熟知的指南针。

1 很久很久以前，一名矿工的斧头被一块奇怪的石头吸住了，人们给这种石头起名为"慈石"，后人改名为"磁石"。

2 后来，人们发现有些特定形状的磁石无论怎样转动，最终都会指向同一方向。

3 于是，人们把磁石加工成更容易转动的勺子形，用来指路。

4 经过不断改进，最早的指南针司南诞生了。

救命啊！

传说，秦始皇在修建阿房宫的时候，曾用磁石来做宫殿的大门，任何一个带有铁制武器的人经过，其兵器都会被磁石门吸住，寸步难行。

小司南有大问题

司南虽然能指引方向，但是却有很多缺点。这些缺点不仅严重影响了司南的生产效率，在使用过程中也常常制造麻烦。

司南坏了！我们走错方向了！

弊端一

将整块磁石雕琢成勺子形并不是件容易的事。

弊端二

司南很容易遗失或损坏。

弊端三

使用司南时必须先找到一个平面放置底盘，颠簸状态下无法使用。

弊端四

随着时间流逝，磁石的磁性会逐渐变弱。

不怕颠簸的指南车

与单纯依靠磁石的司南不同，指南车需要经过复杂的机械设计才能完成。指南车上通常立着一个小木人，车开始移动前设定好南方，以后不管车子如何移动，小木人的一只手永远指向南方。

往这边走！

古彩戏法的秘密

去那边！

一些民间艺人利用磁性来变戏法。将加工好的木制小鱼放入水中，它们会"听从"表演者的话，乖乖地向南游。

揭秘时间：

表演者将磁石放在木制小鱼的肚子里，鱼嘴处放一根针与磁石相连，然后用蜡封好，放入水中，木鱼的嘴就会指向南方。

还有一种指南龟也是采用相同的原理。将加工好的木龟插在木棍上，让其旋转，静止时木龟的尾巴会指向南方。

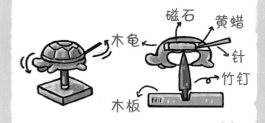

磁石　黄蜡　木龟　针　竹钉　木板

神奇的磁化

北宋时期的兵书《武经总要》中记载了一种制作"指南鱼"的方法，描述了神奇的磁化过程。

制作指南鱼的方法

1 将碳钢锤打成薄片。

2 把碳钢薄片剪成小鱼的形状。

3 然后将碳钢小鱼加热到一定温度，让鱼尾正对当时的地磁场方向，放入水中急速冷却，使其磁化。

4 让碳钢小鱼浮在水上就可以指示方向了。

随着技术的进步，人们发现把磁铁片磨成针会让方向的指向更加精确且便于携带。北宋科学家沈括撰写的《梦溪笔谈》中记载了多种磁针的安装方法。

水浮法

把磁针横穿在灯芯草上，使它能漂浮在水面上，磁针在水面自然转动一会儿后，就能指向南方。

指甲旋定法

把磁针放在指甲盖上，让其旋转一会儿，最终停下来的方向就是南方。

碗唇旋定法

将磁针放在碗唇上，让其旋转，停下来的方向就是南方。

缕悬法

用蚕丝悬挂磁针，使其在平衡状态下自然旋转，磁针静止后指向南方。

是罗盘不是棋盘

为了提高磁针指示方向的准确性，还需要搭配一个方位盘组合成罗盘。明代著名航海家郑和下西洋时就曾使用罗盘指引航向。

扬帆起航，水上奇迹之旅

中国有悠久的造船历史，是世界上最早制作出独木舟的国家之一。古代中国在航海和造船领域不仅处于世界领先地位，还发明出了水密隔舱技术，提高了航海的安全性。

从浮筏到巨轮

远古时期，人们把竹子或木头扎成一排，做成浮筏，人站在上面用一根长棍划水前进。

还有用一整根木头加工而成的独木舟，这种船不易解体，但容易翻船。

于是，人们又对独木舟进行改良，采用一片片木板制作出更安全的木板船。

这样不仅更安全，还方便我们装卸和管理货物。

水密隔舱技术

在船身内部隔出多间舱室，可以有效提高船舶安全性。当船体破损时，由于每个隔舱都是密封的，即使有一处船体破损，水也不会倒灌到别的船舱，船仍然能继续航行。

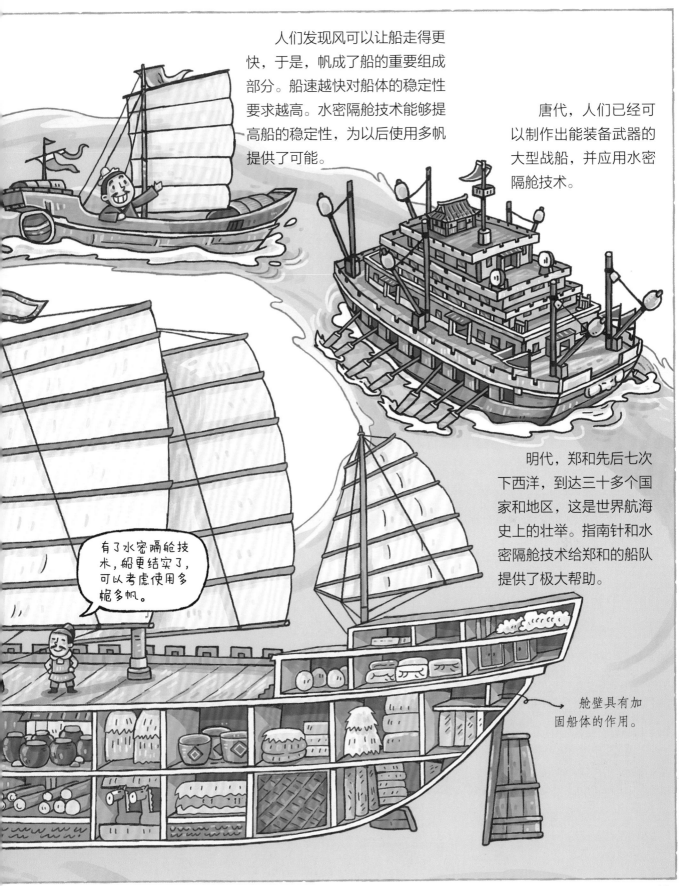

人们发现风可以让船走得更快，于是，帆成了船的重要组成部分。船速越快对船体的稳定性要求越高。水密隔舱技术能够提高船的稳定性，为以后使用多帆提供了可能。

唐代，人们已经可以制作出能装备武器的大型战船，并应用水密隔舱技术。

明代，郑和先后七次下西洋，到达三十多个国家和地区，这是世界航海史上的壮举。指南针和水密隔舱技术给郑和的船队提供了极大帮助。

有了水密隔舱技术，船更结实了，可以考虑使用多桅多帆。

舱壁具有加固船体的作用。

智慧为笔，绘千年大运河

京杭大运河北起北京，南到杭州，全长 1700 多千米，贯通海河、黄河、淮河、长江、钱塘江五大水系，是中国古代南北水路交通的主要通道。

大运河变形记

京杭大运河是世界上开凿最早的运河之一，至今已有 2400 多年的历史。大运河形成复杂，经历了多次扩建和改造。

公元前 486 年，吴王夫差为了作战需要而命令兵将挖了一段河渠，其他诸侯国相继效仿。

公元 584 年，隋文帝下令开凿广通渠。隋炀帝即位后，继续扩大运河规模。

隋唐时期，大运河以洛阳为中心从南到北连接成"人"字形。南方和北方通过这条运河连接了起来。

唐、宋两代对大运河继续进行疏浚整修。运河漕运量大增。

大运河的开通促进了运河沿岸城市的繁荣。宋代都城汴京（今河南开封）地处运河重要位置，漕运发达，是当时世界上最繁华的大都市之一。《清明上河图》描绘的就是汴京繁荣的盛世景象。

大运河促进了中外文化的交流，唐代高僧鉴真就是从长安经大运河东渡到达日本的。

隋唐大运河

京杭大运河

元朝时，都城向北迁移到大都（北京），为了让江浙一带的物资更快到达大都（北京），便对大运河采取了截弯取直的改造。

明清

明清时期是京杭大运河的鼎盛时期，每年经运河北上的漕粮有 400 万石。

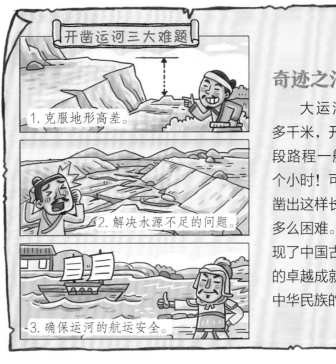

开凿运河三大难题

1. 克服地形高差。

2. 解决水源不足的问题。

3. 确保运河的航运安全。

奇迹之河

大运河全长 1700 多千米，开汽车走完这段路程一般要用 20 多个小时！可想而知，开凿出这样长的河道该有多么困难。这条运河展现了中国古代水利技术的卓越成就，也凝聚了中华民族的智慧。

欢迎来到汴京！

轰！火药诞生了

火药是中国古代四大发明之一，也是人类掌握的第一种爆炸物。为什么起名为"药"呢？相传道士为了长生不老，炼制丹药，"仙丹"当然是不可能炼制出来的，不过因为炼丹炉经常爆炸，反倒发现了火药的制作方法。

艰难的取材路

在古代，火药十分珍贵，除了配方是机密，制作火药的材料也很难获取。

就是你们导致了爆炸！

据说，有个炼丹师在一次炼丹炉爆炸的事故中发现硝石、硫黄、炭三种原料按照一定配比混合，遇火时就会发生爆炸。

获取硝石的方法

1. 可以在岩石表面、洞穴、沼泽等处采集硝石，或在老墙根等处搜集俗称"硝土"的白色粉末，对其进行加工后获取硝石。

2. 将硝土放入大盆里压实，注入水，过滤出的水就是硝水。

3. 将硝水放入锅中慢慢熬，得到的晶体就是硝石。

获取硫黄的方法

在火山或温泉附近通常可以找到硫矿，采集矿石，再经过复杂的加工后，就能得到硫黄。

获取炭的方法

炭的获取方法相对简单，将木材截成相近的长度，用特殊工艺进行烧制即可得到。

火药还能这样用

在人们还没有用火药制作各种杀伤性武器之前，火药也有不少用途呢！

治病

《本草纲目》记载，火药中的硝石和硫黄有一定的药用价值。

小心搬运！

阿拉伯人把火药中的硝石称为"中国雪"，买回自己的国家用作药材。

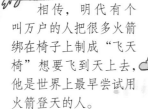

飞天梦

相传，明代有个叫万户的人把很多火箭绑在椅子上制成"飞天椅"想要飞到天上去，他是世界上最早尝试用火箭登天的人。

鞭炮烟花

直到现在，百姓仍喜欢用火药制作鞭炮和烟花，用来庆祝节日。

崭新的武器时代

　　火药的爆炸威力让军事家们欣喜若狂，经过加工研发出了各种用于打仗的火器，开启了一个崭新的兵器时代。

火龙出水

　　一种在竹筒前后端安装木制龙头和龙尾的火器。竹筒内装有多支火箭，点火后从龙头下的孔中射向敌人。

火兽

　　是一种外形似兽，朱红色，能喷火的武器。

虎蹲炮
一种火炮，发射时将弹丸装入炮筒，先点燃引信，后引燃炮筒内的发射药，将弹丸推出炮筒，弹丸到达目标后爆炸。

万人敌
一种守城用的大型燃烧式武器。

神火飞鸦
一种外形很像乌鸦的飞弹。

火铳
一种金属管形射击火器，利用火药发射石弹、铅弹和铁弹，威力巨大。

三眼火铳
火铳中常见的多管铳，点火后可连射或齐射。

餐桌上的中国智慧

中国是农业古国，精耕细作的生态农艺是中国的一大发明，选种、育种、掌握农时、栽培作物、改良农具等技术对世界农业产生了深远影响。

从神农尝百草说起

相传，神农氏为了解决族人食物不足的问题，尝遍百草，找到了黍、粟、稻等多种谷物。

黍　　粟　　稻　　麦　　豆

厉害的锄头

农耕工具能够帮助农民提高劳动效率，增加粮食产量，每一件农具都凝聚了先人的智慧。

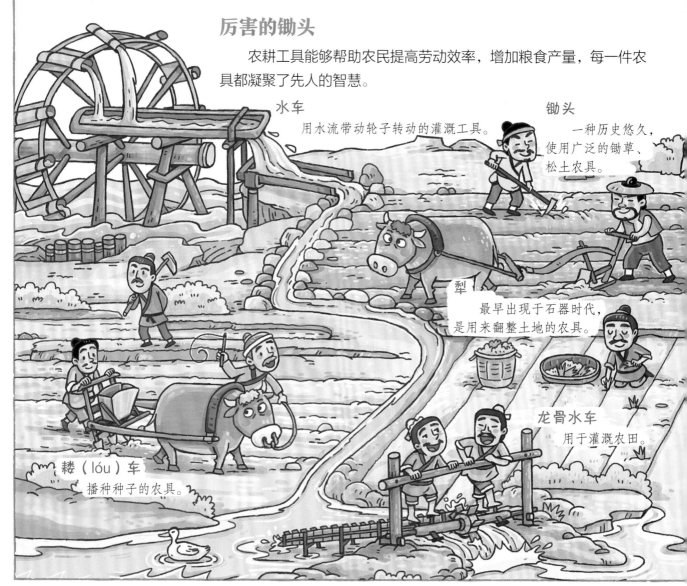

水车
用水流带动轮子转动的灌溉工具。

锄头
一种历史悠久、使用广泛的锄草、松土农具。

犁
最早出现于石器时代，是用来翻整土地的农具。

龙骨水车
用于灌溉农田。

耧（lóu）车
播种种子的农具。

筷子

筷子是中国饮食文化的标志，在中国至少有 3000 年的历史。

民以食为天

中国地广物博、历史悠久，人们在这片广袤的大地上创造出了丰富多彩的饮食文化。煎炒烹炸等技艺，药食同源等理念让中式烹调术独具特色，经久不衰。

老板，我买 5 个碗。

碗

我们的主食以米、面为主，用碗状容器来盛放最为方便，碗的历史可能比筷子还要长。

一片茶叶的辉煌史

中国是世界上最早发现和利用茶树的国家之一，世界各地的饮茶风尚都直接或间接与中国有关。

茶的演变史

唐代"茶圣"陆羽所撰写的《茶经》中记载，"茶之为饮，发乎神农氏，闻于鲁周公"，说明茶的发现与利用可能发源于上古时期，茶文化在中国延续了几千年。

入药

民间流传，神农尝百草，一日遇到七十种毒药，用茶能解毒。这大体说明在上古时期，先民发现了茶叶无毒，可以食用，可能还具有某种功效。

茶汤

人们发现将茶叶用水煮熟，加入调料，口感独特，于是逐渐不再生嚼茶叶，而是制作茶汤。

喝两碗茶汤我就饱了。

茶饼

到了唐代，茶几乎成了生活必需品。茶艺、茶道也蓬勃发展。唐代的茶通常做成饼状，称为"茶饼"。

散茶

明清时期，茶饼、茶团逐渐被条形散茶所取代，人们不再将茶碾成粉末，而是直接将散茶加入壶中沏泡饮用。这种饮茶方式一直流传至今。

常见茶器

茶叶罐
茶荷
茶杯
茶盘
茶夹
茶巾
公道杯
茶壶

茶叶百科全书

《茶经》是世界现存最早的全面介绍茶的专著。书中记载了茶的起源与功效，采茶、制茶的方法，煮茶、饮茶的工具等知识，被誉为"茶叶百科全书"。

乌龙茶的制作方法

1. 采茶。
2. 晒茶、晾茶。
3. 摇茶。
4. 炒茶。
5. 揉茶。
6. 烘干。

酒香不怕巷子深

曲蘗（niè）发酵是中国传统酿造技术的核心，这种伟大的发明让中国酒与众不同。

漫长的中国酒史

中国是最早掌握酿酒技术的国家之一。相传，上古时期，一个叫杜康的人将多余的粮食储存在树洞里，过了一段时间，粮食发酵，渗出了有特殊香气的液体，杜康由此受到启发，发明出了酿酒的方法。

棕榈酒

葡萄酒

奶酒

西方的酒

西方酿酒主要以水果、蜂蜜、动物乳汁、含糖的植物汁液等为原材料。这些材料可以直接产生天然酵母菌，不需要人为增添其他物质就能发酵成酒。

中国的酒

夏商时期，我国人口主要聚集在黄河流域和长江流域，这一带不出产诸如葡萄等易于酿酒的水果。人们以农业种植为主，畜牧业规模较小，动物乳汁产量远不如谷物。所以先民选择使用谷物酿酒。

让我们试试酿酒吧！

今年真是大丰收。

中国酒的秘密武器

谷物自然发酵所生成的酒产量很小且十分不稳定，因此需要人们使用特殊办法加快谷物的发酵速度，曲蘖就是让谷物快速发酵的秘密武器。制作曲蘖并利用它发酵造酒是中国独一无二的伟大发明。

高粱酒的制作方法

1 选取优质高粱，清洗干净。

2 用水浸泡，使其保持湿润。

3 将高粱放到蒸锅中蒸熟。

4 取出，摊平降低温度。

5 将曲蘖按照一定比例加入高粱中。

6 入窖发酵。

酒酿好了！

调味品也离不开曲蘖

曲蘖不仅能制酒，还能制作醋、酱油等调味料。西方常见的调味料如番茄酱、沙拉酱、辣椒酱、芥末酱等，都不是以谷物为原料制作的。中国的醋、酱油等调味品则是以谷物发酵而成，制作时也需要添加曲蘖，只不过使用的曲蘖品种、用法、用量与制作酒不同。

小小蚕茧竟成世界奢侈品

中国是丝绸的发源地，种植桑树、养蚕、缫丝、制作丝绸体现了先民的智慧。华丽的丝绸搭起了中国与世界沟通的桥梁。

嫘祖制丝

相传，几千年前，黄帝的妻子嫘（léi）祖发明了养蚕制丝的方法。

1 种桑树，采桑叶。

2 用桑叶养殖蚕。

3 蚕吐丝成为蚕茧。

4 收集蚕茧，剥茧。

5 煮茧。

6 抽丝，将若干根蚕丝合并成一根生丝。

7 生丝经过染色加工成为丝线。

8 可以开始纺织美丽的丝绸啦！

经线

纬线

线是怎样变成布的

纺织的原理其实很简单，竖着的线称为"经线"，横着的线称为"纬线"。当经线和纬线交织在一起，一根根线就织成了布。

了不起的丝绸之路

西汉时期，我国打通了一条通往西域的道路，将丝绸、漆器等物品传到西方很多国家。美丽的丝绸在以后的很多年里一直是交易最多的物品，这条路也因此被后人称为"丝绸之路"。如今，中国传统桑蚕丝织技艺已经成为人类非物质文化遗产。

绫罗绸缎

人们把含有蚕丝的纺织品统称为"丝绸"。几千年来，丝绸品种可以细分为十几个大类。你听过"绫罗绸缎"这个词吗？它其实代表了四种不同的丝织物。

"云锦""壮锦""蜀锦""宋锦"被称为"中国四大名锦"。

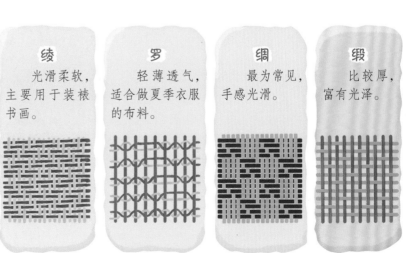

绫
光滑柔软，主要用于装裱书画。

罗
轻薄透气，适合做夏季衣服的布料。

绸
最为常见，手感光滑。

缎
比较厚，富有光泽。

神奇的中医

中医是指中国人独创的传统医学，早在 2000 多年前就形成了独具特色的医疗体系，总结出了各种有效的治疗手段。

望诊
看病人脸色等。

闻诊
听病人声音等。

问诊
询问症状。

切诊
摸脉象。

四诊法

战国时期的名医扁鹊在给病人看病时，通过望、闻、问、切四种方法来诊断疾病。直到今天，中医仍会使用这四种基本方法来辅助诊察疾病。

传世药典

说起中医就不得不说中药，从神农尝百草开始，后人一直不断地研究着各种植物、动物、矿物的药性和疗效。明代医药学家李时珍撰写的《本草纲目》是中国古代最伟大的本草学著作之一。

独特的中医疗法

除了配制中药，中医还有很多独特的治疗手段：

用手或器械，通过按压、敲打等操作手法，调节人体机能，改善病理症状。

用特制的金属针刺入穴位以达到治疗目的。

用燃着的艾绒，温灼穴位的皮肤表面。

用杯、筒、罐等器具，利用燃烧排除其内空气，造成负压，吸附在皮肤表面，以达到治疗目的。

医者仁心张仲景

张仲景是东汉晚期的名医。相传，他看到寒冬中很多穷人的耳朵冻伤了，于是研发了一种可以祛寒的药食，因为这种药食有防止耳朵冻伤的功效，所以取名"祛寒娇耳汤"。后来演变为"饺子"。张仲景还广泛收集医方，写出了传世巨著《伤寒杂病论》。

1 将羊肉和祛寒药物一起放入锅中熬煮。

2 熟了以后捞出，剁成馅。

3 用面皮包住馅料，做成耳朵的形状。

4 煮熟，出锅。

一代名医孙思邈

孙思邈是著名医学家和养生家，他的著作《千金要方》被誉为"中国临床百科全书"。

指上功夫

切诊是指医生用手指感受病人脉搏跳动的速度、力度等表现，从而推断出病人的身体情况。传说孙思邈用一根丝线就能进行切诊。

那些瓶瓶罐罐，后来价值连城

瓷器是中国的伟大发明，传往西方国家后，广受喜爱，被称为"白色的黄金"。

陶瓷器和瓷器一样吗

陶瓷器是陶器和瓷器的总称，瓷器是在陶器的基础上演变而来的。早在石器时代人们就已经能制作出陶器了。

为了让陶器更漂亮，人们不断摸索和改进制作方法，最终发明出了瓷器。制作瓷器所使用的原材料和烧制方法都与制作陶器有很大不同。

原材料更讲究

制作陶器的原材料黏土非常容易获取，所以早在新石器时代先人就已经掌握了制作陶器的方法。然而制作瓷器时，通常需要以高岭土为主要原料。

表面更光滑

瓷器表面有玻璃质的釉。釉是指覆盖在瓷器表面的无色或有色的玻璃质薄层。釉涂在瓷器上，会呈现类似镜面的效果，看起来非常华丽。

中华瓷王

　　清代乾隆年间，一个装饰有 17 层釉彩的大瓶诞生了，它就是"各种釉彩大瓶"。它标志着中国古代制瓷工艺的顶峰，享有"中华瓷王"的美称。现藏于北京故宫博物院。

"各种釉彩大瓶"上的12幅主题纹饰：

烧制难度更高

　　烧制瓷器时，温度通常要超过 1100 摄氏度，还需要不间断地烧制几十个小时。

给瓷器穿上花衣服

　　除了用釉装饰瓷器，人们还会在瓷器上绘制各种图案。先画图后上釉称为"釉下彩"；先上釉烧制后再画图称为"釉上彩"；当图案颜色繁多时，还可以采用釉上彩、釉下彩结合使用的方法。

釉下彩

釉上彩

釉上彩和釉下彩结合

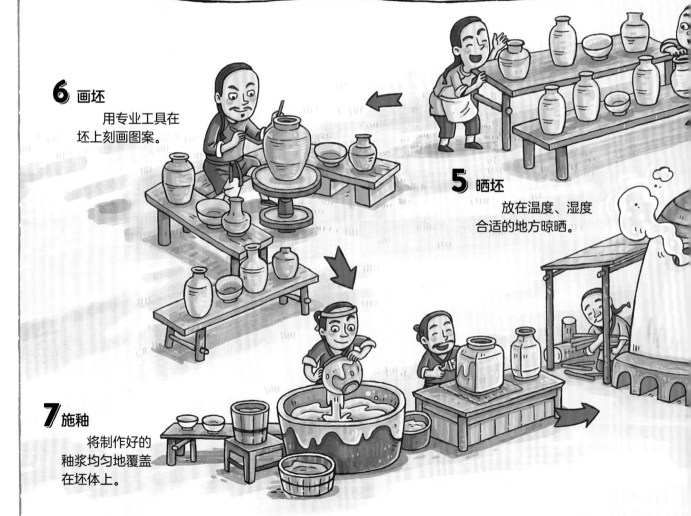

6 画坯
　　用专业工具在坯上刻画图案。

5 晒坯
　　放在温度、湿度合适的地方晾晒。

7 施釉
　　将制作好的釉浆均匀地覆盖在坯体上。

釉上彩瓷器的制作方法

1 练泥
将原材料按比例混合，制成泥料。

2 拉坯
将泥块放在转盘上，塑造出大体形状。

3 印坯
将做好初步形状的泥块晾至半干，放进模具中，均匀按压后，脱模。

4 利坯
将坯放在转盘上，用刀调整坯体厚度。

8 烧窑
将坯放入大小合适的匣钵中，入窑烧制。

9 釉上彩
在烧好的瓷器上绘制图案。

10 低温复烧
固定釉上彩。

夜观星空，探索宇宙

中国是世界上天文学发展最早的国家之一，在历书编算、天象观测仪器发明等方面硕果累累。

传世历法

2000多年前，中国的传统天文学已经比较完善，从流传下来的各种历书中可以看到先人对天文学的研究成果。

《太初历》

西汉时期，中国历史上第一部比较完整的传世历法《太初历》诞生。《太初历》首次将二十四节气收入历法，并以正月为一年的开始。

《大明历》

南北朝时期，祖冲之创制《大明历》，首次引入了"岁差"的概念，提高了历法的计算精度，是中国历法史上的一次重大突破。

《大衍历》

唐代僧人一行是一位杰出的天文学家，他主持编制了《大衍历》。

一回归年为365.2425日。

《授时历》

中国历史上使用时间最长的一部历法，由元代天文学家郭守敬等人研订。

天象观测仪器

为了更好地观测天象，我国古代天文学家还研发出了很多观测工具。

日晷
一种利用日影方向和长度来观测、记录时间的仪器。

浑天仪
东汉科学家张衡创制的一件天文仪器，它可以测量天体、演示天象。

简仪
郭守敬将结构繁复的浑仪进行简化改良而成，是可以测量天体坐标的仪器。

登封观星台
观星台位于河南登封，始建于元代，是我国现存最早、保存较完好的天文观测台。

古代数学之光

测算天文数据自然少不了数学运算，先人在数学领域也取得了很多领先世界的成就。

3.1415926

算盘
用珠子串连排列构成的中国传统计算工具。明清时，算盘已经广泛使用。

《四元玉鉴》
元代数学家朱世杰所著，是中国传统数学中最高水平的著作之一。

《九章算术》
标志着中国古代初等数学体系的形成。书中提到了勾股定理、方程、平方等概念。

圆周率
祖冲之将圆周率精确到小数点后第7位，直到800多年后才有人超越他。

"天衣无缝"的中国传统木结构建筑

中国传统木结构建筑营造技艺，是人类非物质文化遗产中的一颗璀璨明珠。这项营造技艺在中国传承了 7000 多年，不仅影响了中国的建筑风格，更是古代东方建筑技术的代表。

巧夺天工——榫卯结构

榫（sǔn）卯结构是连接两个木制构件的方式。当一个构件的榫插入另一个构件的卯中，就形成了榫卯结构。目前已知最早的榫卯结构发现于河姆渡遗址，距今已有 7000 多年的历史。

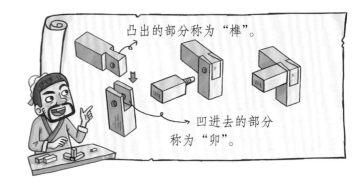

凸出的部分称为"榫"。

凹进去的部分称为"卯"。

鲁班锁

又称"孔明锁"，是一种利用榫卯结构原理发明的益智玩具。

栋梁之材——抬梁结构

房梁就像人体的骨骼一样，房梁坚固，房子才能稳固。中国传统木结构建筑有多种搭建房梁的方式。我国北方常采用抬梁式结构来搭建房梁。"抬梁"就是一层一层架起房梁的意思。两根立柱支撑一根横梁，在横梁上再立两根短柱，支撑一根稍短的横梁，以此类推。

巧夺天工，稳如泰山

中国传统木结构建筑具有很好的抗震性能。位于山西的悬空寺迄今已有 1000 多年的历史，悬空寺建于悬崖峭壁之上，堪称世界建筑奇迹。

据史料记载，建于公元 984 年的独乐寺观音阁，1000 多年以来，经历了各种天灾，至今仍然十分坚固。

仙人　龙　凤　狮子　海马　天马　押鱼　狻猊　獬豸　斗牛　行什

《营造法式》

现存时代最早、内容最丰富的中国古代建筑学著作。

有趣的吻兽

吻兽是中国传统建筑屋顶上的一种装饰物，能够彰显房屋主人的身份和地位。使用吻兽最多的建筑当数故宫的太和殿，共有十只走兽和一位仙人。

亭台楼阁，轩榭廊舫

中国传统古建筑不仅牢固，而且极富美感，建筑种类也非常多。

亭
四周敞开的独立建筑，可供行人休息。

台
高出地面的平台，表面比较平整。

楼阁
最初楼和阁有一些区别，后来二字互通，指多层建筑。

轩
有窗的长廊或小屋，四周宽敞，可供游人休息、观赏美景。

榭
建在水边高台或水面上的木屋。

廊
屋檐下长长的过道。

舫
仿照船的造型在水面上建造的一种船型建筑物。

平凡而伟大

小小的日用品里凝聚着中国人的大智慧，见证了上下五千年华夏文明的精粹，展现着中国人无与伦比的创造力。

灯

提起古代远销海外的名品，很多人都会想到瓷器和丝绸，却很少有人知道，其实中国灯曾与丝绸、瓷器并列为中国三大名品。

制作于西汉的长信宫灯有"中华第一灯"的美誉。这款灯可将灯烟导入灯体内，减少室内的烟灰，还能自由调节光源方向。

无尘！

扇

扇子融合了绘画、书法、文学等中国传统文化。

漆器

中国先民是最早使用天然漆装饰器物的人，早在新石器时代的河姆渡文化中就已经出现漆器。

铜镜

用铜制作的镜子，刚制成时是铜黄色的，清晰度很高。

伞

在造纸术发明之前，先民用布制作伞。造纸术发明后，人们在纸上涂上桐油防水，发明出了油纸伞。

风筝

风筝在古代称为"纸鸢"，用于在战时传递情报。后来随着造纸技术的进步，放风筝逐渐成为民间流行的一种娱乐活动。

锁

中国的锁文化历史悠久，除了造型优美、技艺精湛，锁还被赋予了吉祥的寓意。

荷包

荷包是古人随身携带的小布袋子，人们会在荷包上绣上各种寓意丰富的图案。

围棋

围棋起源于中国。"琴棋书画"中的"棋"就是指围棋。围棋在古时称"弈"，被认为是世界上最复杂的棋盘游戏之一。

时间的礼物

中国历史源远流长，文化博大精深，共有42项文化遗产入选《联合国教科文组织非物质文化遗产名录（名册）》，是世界上拥有人类非物质文化遗产最多的国家，每一项遗产都凝聚了中国文化、中国精神和中国智慧，具有重要意义。

入选《人类非物质文化遗产代表作名录》的文化项目

古琴艺术

琴是中国独奏乐器中最具代表性的一种，已有3000多年的历史，是中国传统文化的承载者之一。

昆曲

昆曲是中国现存的最古老的剧种之一，《牡丹亭》《长生殿》是昆曲的代表剧目。

蒙古族长调民歌

长调是内蒙古自治区传统音乐，是具有鲜明游牧文化特征的独特演唱形式。

新疆维吾尔木卡姆艺术

流传于中国新疆各维吾尔族聚居区的各种木卡姆的总称，是集歌、舞、乐于一体的大型综合艺术形式。

篆刻

篆刻是以石材为主要材料，以刻刀为工具，以汉字为表象的一门独特的雕刻艺术。

雕版印刷技艺

这项技艺促进了书籍的传播，在世界文化传播史上起着无与伦比的重要作用。

书法

书法伴随着汉字的产生与演变而发展，历经 3000 多年，已成为中国文化的代表之一。

剪纸

剪纸是用剪刀或刻刀在纸上剪刻花纹，用于装点生活或配合其他民俗活动的民间艺术。

传统木结构建筑营造技艺

以木材为主要建筑材料，以榫卯为木构件连接架构的中国古代建筑技术。

南京云锦织造技艺

南京云锦织造技艺将"通经断纬"等核心技术运用在构造复杂的大型织机上，是中国织锦技艺最高水平的代表。

端午节

端午节是中国传统节日，主要活动有祭祀屈原、插艾蒿、挂菖蒲、喝雄黄酒、吃粽子、龙舟竞渡、除五毒等。

朝鲜族农乐舞

朝鲜族农乐舞是集演奏、演唱、舞蹈于一体的朝鲜族传统舞蹈。

格萨（斯）尔

《格萨（斯）尔》是关于藏族古代英雄格萨（斯）尔的长篇史诗。

侗族大歌

侗族大歌是无伴奏、无指挥的侗族民间多声部民歌的总称。

花儿

花儿产生于明代初年，因歌词中把女性比喻为花朵而得名。

玛纳斯

柯尔克孜史诗《玛纳斯》传唱千年，是中国三大史诗之一。

妈祖是中国影响最大的航海保护神，妈祖信俗是指在妈祖宫庙开展庙会等形式的民俗文化。

妈祖信俗

蒙古族呼麦歌唱艺术

呼麦是蒙古族人创造的一种神奇的歌唱艺术：一个歌手纯粹用自己的发声器官，在同一时间里唱出两个声部。

南音

南音是集唱、奏于一体的表演艺术，是中国现存最古老的乐种之一。

热贡艺术

热贡艺术主要指唐卡、壁画、堆绣、雕塑等佛教造型艺术，是藏传佛教的重要艺术流派。

宣纸传统制作技艺

宣纸是传统手工纸的杰出代表，具有质地绵韧、不蛀、不腐等特点。

藏戏

藏戏是指戴着面具，以歌舞表演故事的藏族戏剧。

龙泉青瓷传统烧制技艺

龙泉青瓷传统烧制技艺是种具有制作性、技能性和艺术性的传统手工艺。龙泉窑烧制的"粉青""梅子青"厚釉瓷是中国古典审美情趣的表现。

传统桑蚕丝织技艺

传统桑蚕丝织技艺包括栽桑、养蚕、缫丝、染色、丝织等整个过程的生产技艺，其间所用到的各种工具、织机，生产出来的丝绸产品以及相关民俗活动。

西安鼓乐

西安鼓乐是指流传在西安及周边地区的鼓吹乐，是中国传统器乐文化的典型代表。

粤剧

粤剧是用粤语演唱的戏剧样式，是粤方言区最具影响力的戏曲剧种。

中医针灸

中医针灸是传统中医的一种医疗手段。

京剧

京剧是一种融合了唱、念、做、打的表演艺术。京剧有"国剧"之称。

皮影戏

皮影戏是一种以皮制或纸制的彩色影偶形象，伴随音乐和演唱进行表演的戏剧形式。

珠算

珠算是以算盘为工具进行数字计算的一种方法。

立秋

二十四节气

先民通过观察太阳周年运动，认知到一年中时令、气候、物候等方面变化的规律，并以此指导农业生产。

藏医药浴法

藏医药浴法是指通过沐浴天然温泉或药物煮熬的水汁或蒸汽，调节身心平衡，预防疾病的传统藏医理论。

太极拳

太极拳是基于中国传统哲学思想和养生观念所创造的一种传统体育运动。

送王船

送王船是广泛流传于中国闽南和马来西亚马六甲沿海地区的祈安仪式。

大发明

作者简介 李凯

北京师范大学历史学院副教授，历史学博士。研究方向为中国古代史。

作者简介 孙向荣

北京交通大学附属中学历史教师，历史学硕士。